TRICK 17

FAHRRAD & E-BIKE

ARMIN WESTENHÖFER
SANDRA WESTENHÖFER-GRAMMETH

INHALT

VORWORT

Wer hätte das noch vor ein paar Jahren gedacht? Das Fahrrad entwickelt sich zu einem wichtigen Baustein bei der Verkehrswende! Durch die E-Mobilität viel flexibler gewordene Zweiräder erobern nun auch die montanen Regionen Deutschlands, in denen bisher viele Bürger mit reiner Muskelkraft schnell an ihre Grenzen kamen. Die Zweiradindustrie schreibt exorbitante Zuwachsraten – nach oben sind finanziell keine Grenzen gesetzt.

Als langjährige Radfahrer wissen wir, dass man viele Probleme pragmatisch lösen kann – sowohl im Pannenfall als auch beim Zusammenstellen seines Equipments oder in ganz alltäglichen Situationen. Das war der Antrieb für uns, dieses Buch zu schreiben und unsere gesammelten Tipps und Tricks weiterzugeben.

Der frechverlag hat uns erneut sein Vertrauen ausgesprochen und uns bei der Umsetzung des Werkes ermutigt und unterstützt. Dafür möchten wir dem fantastischen Team – allen voran Eva – aufs Herzlichste danken.

Nicht vergessen dürfen wir unseren Sohn Severin, der uns mit seinem jugendlich-kindlichen Blick auf das Thema immer wieder auf neue Ideen gebracht hat. Tausend Dank, kleiner Schatz!

Nun wünschen wir viel Spaß beim Ausprobieren der Hacks!

Armin Westenhöfer *Sandra Westenhöfer-Gramm*

Anschaffung UND PFLEGE

Um deinen Sattel vor Regen zu schützen, ziehe einfach, wenn du das Rad abstellst, eine Duschhaube über den Sattel. Der Sitz und somit auch deine Hose bleiben trocken und die Weiterfahrt macht gleich viel mehr Spaß.

Wenn du es etwas eleganter magst, kannst du dir auch einen hübschen Bezug selbst nähen. Dazu brauchst du nur etwas wasserfesten Stoff und einen Gummizug. Und natürlich eine Nähmaschine.

1

ELECTRA

Das Fahrradgeschäft boomt – und zwar nicht nur im Bereich der E-Mobilität. Auch ganz „normale“ Zweiräder sind gefragt wie nie zuvor und mitunter gibt es lange Lieferzeiten. Andererseits fristen viele Drahtesel in den Kellern und Garagen ein trauriges Dasein. Meist bedarf es nur kleiner Reparaturen, ein bisschen Pflege oder ein wenig „Feintuning“ und schon kann man mit dem guten alten Stück wieder seine Runden drehen.
Soll es trotzdem etwas Neues sein? Auch dafür haben wir natürlich ein paar Tipps auf Lager.

2 WOHIN DES WEGES?

Bevor du dir ein E-Bike oder ein Pedelec anschaffst, solltest du überlegen, wo du es einsetzen willst. Fährst du eher im urbanen Gelände, kann dein Akku kleiner ausfallen, weil du meist nur wenige Kilometer am Stück fährst und du möglicherweise auch weniger Geländesteigungen bewältigen musst. Je kleiner und somit leichter dein Akku ist, desto weniger Gewicht schleppst du mit dir herum.

In der Stadt gibt es in der Regel genug Möglichkeiten, auch zwischendurch deinen Akku aufzuladen. Zum Auffinden von Ladestationen helfen dir diverse Apps.

3

LONG-LIFE-HACK

Die Lebensdauer deines Fahrrad-Akkus kannst du verlängern, indem du ihn eben nicht zu 100 % auflädst, sondern nur etwa bis zu 90 %. Bei längerer Lagerung (zum Beispiel im Winter) sollte er einen Füllstand zwischen 30 und 60 % aufweisen.

Den früher bei aufladbaren Batterien oft gefürchteten „Memory-Effekt“ gibt es bei den modernen Lithium-Ionen-Batterien nicht mehr. Daher schadet es deinem Akku nicht, wenn du ihn während einer Rast im Café nur teilweise nachlädst.

4 WOHLFÜHL-TEMPERATUR

Der Akku deines Pedelecs sollte bei Fahrtantritt eine Temperatur zwischen 15 und 25 °C haben – denn da ist er am leistungsfähigsten. Deshalb: Den Akku am besten immer bei Zimmertemperatur lagern!

Vermeide es, den Akku zu lange extremen Temperaturen auszusetzen. Stelle dein Rad im Sommer daher am besten in den Schatten oder – wenn das nicht geht – ziehe den Akku heraus und nimm ihn mit. Das schützt ihn außerdem davor, geklaut zu werden.

5

NICHT DURCHDREHEN!

Um bei einem E-Bike die Fahrradkette rückwärts drehen zu können (um sie zu reinigen wie in Hack Nr. 7), fixierst du den Kurbelarm des Pedals mit einem Kabelbinder an der Kurbelgarnitur. Verwende einen wiederverwendbaren Kabelbinder, um ihn anschließend leicht wieder entfernen zu können.

Du kannst die Kette auch reinigen, indem du die Kette vorwärts drehst. Allerdings musst du dann jemanden bitten, das Hinterrad hochzuhalten, weil es sich mitdreht.

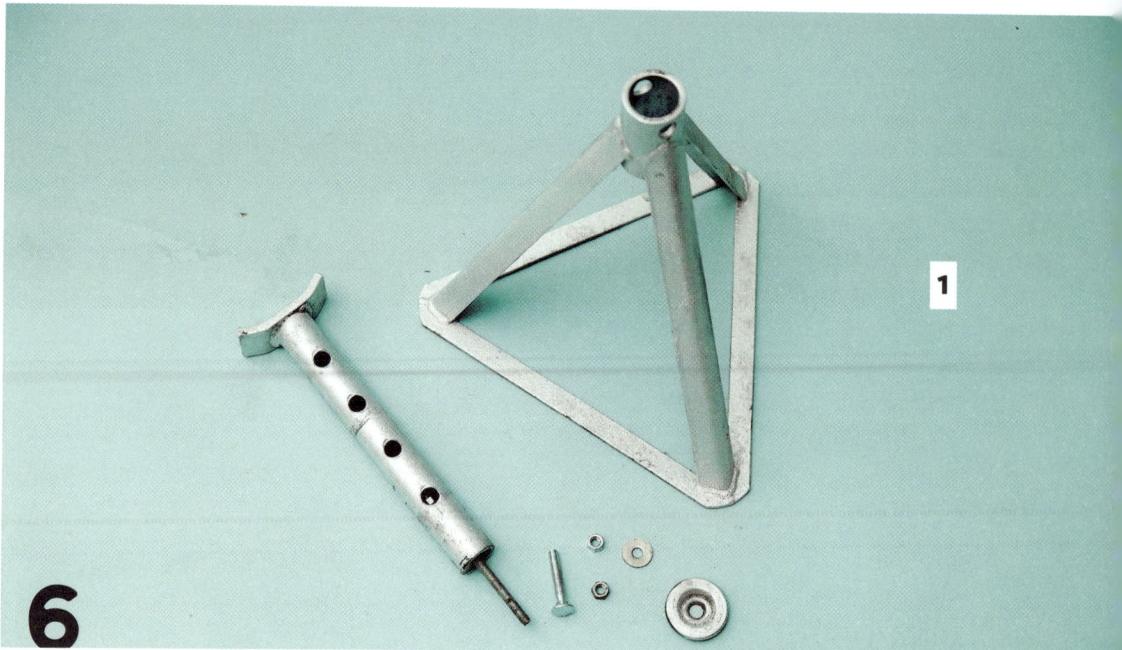

6 ABGEHOBEN

Wer oft an seinem Fahrrad schraubt oder schrubbt, hat leider auch oft Probleme mit dem Rücken. Ständiges Bücken oder schiefe Körperhaltungen bei Reparatur und Pflege gehören mit einem selbstgebauten Wartungsständer aus einem Unterstellbock aber zum Glück der Vergangenheit an.

---

1 **Du brauchst einen Unterstellbock, eine Schraube, eine Gewindestange, drei Muttern, ein Distanzstück und eine große Unterlegscheibe.**

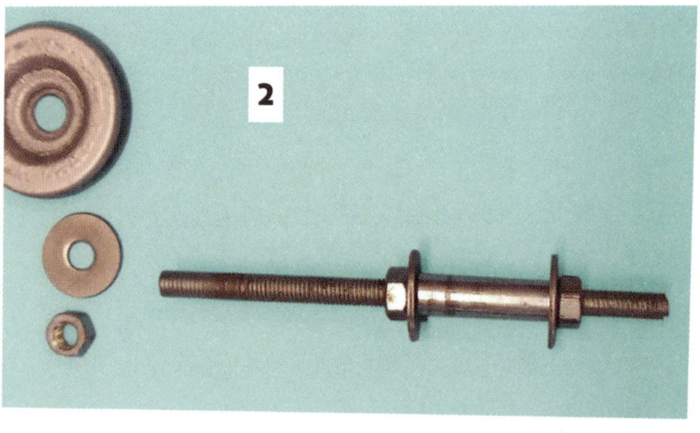

2 **Auf die Gewindestange schraubst du abwechselnd eine Mutter, das Distanzstück und eine weitere Mutter.**

3 Stecke die Mittelstange des Unterstellbockes von unten in die Aufnahme hinein und sichere sie mit einer gewöhnlichen Schraube im gewünschten Loch. Setze von oben die zusammengeschraubte Gewindestange ein.

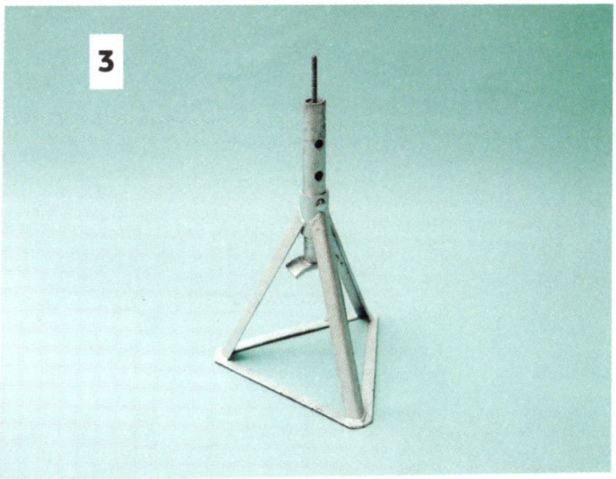

3

4

4 Durch die Muttern und das Distanzstück wackelt die Gewindestange in der Führung nicht hin und her. Auf die Gewindestange kannst du nun dein Fahrrad aufsetzen, indem du die Aufnahme für den Mittelbauständer nutzt. Sichere die Konstruktion, indem du eine weitere Mutter mit Unterlegscheibe von oben aufschraubst.

5

5 Auf diesem Wartungsständer steht das Rad nicht nur höher, es schwebt auch mit beiden Reifen in der Luft und lässt sich komplett um die eigene Achse drehen!

7

DRECK LASS NACH!

Die Kette kannst du ganz easy reinigen, indem du mit einem Klebeband zwei Zahnbürsten aneinander klebst. Setze diese Spezialbürste auf die Kette auf und drehe die Kette mit Hilfe der Pedale rückwärts, bis die Kette sauber ist. Anschließend musst du die Kette mit Kettenöl neu fetten.

Wie du bei E-Bikes die Kette rückwärts drehen kannst, erfährst du in Hack Nr. 5.

8

KOPFSTAND

Ein Fahrrad mit Federgabel kannst du alle zwei bis drei Wochen über Nacht einfach mal auf den Kopf stellen. Die Schaumstoffringe der Federgabel saugen sich über Nacht wieder richtig voll mit Öl. Dadurch wird die Federung wieder leichtgängiger und komfortabler.

Wenn's schnell gehen muss, entferne jeglichen Dreck auf den Standrohren, löse die Federn der Staubabstreifer und trage mit einem Pinsel Gabelöl auf die Standrohre auf. Lasse das Öl ca. 10 bis 15 Minuten herunterlaufen und drücke dann mehrmals kräftig die Gabel nach unten. Setze abschließend die Staubabstreifer-Federn wieder auf und wische das überflüssige Öl von den Rohren ab.

9

LOCKER BLEIBEN

Wenn du sportlich unterwegs bist und gerne ins Gelände fährst, ziehe die Schrauben von der Schaltung und von den Bremshebeln nicht ganz fest an. Bei Stürzen drehen diese empfindlichen Teile sich dann zur Seite weg, anstatt zu brechen.

Bevor du nach dem Sturz weiterfährst, musst du die Brems- und Schalthebel natürlich wieder in die richtige Position bringen und einen Funktionstest machen.

Ein dreckiges Fahrrad kannst du super reinigen, indem du eine normale Gartenspritze (Drucksprüher) verwendest. Mit dieser baust du vor der Nutzung gerade genug Druck auf, um auch Dreck an unzugänglichen Stellen zu entfernen.

Befestige einen leeren Plastikbecher mit Panzerband an der Seite, dann hast du sogar noch eine Halterung für einen Handfeger!

10 AUF KNOPFDRUCK SAUBER

11

PALETTENWEISE

Paletten sind genial für DIY-Projekte. Und auch als Fahrradständer machen sie eine gute Figur. Lege eine Palette auf den Boden und befestige eine zweite hochkant an der Rückseite. Damit das Ganze stabil wird, solltest du mehrere Winkel verwenden. Achte darauf, dass die offenen Stellen der Paletten genau übereinander liegen.

Wenn du den Fahrradständer noch schön (bunt) anstreichst, wird er ein richtiger Hingucker. Das ist auch eine Arbeit, an der Kinder Freude haben.

12

WANDSCHMUCK

Wer sein Fahrrad mit in die Wohnung nehmen muss, hat dort oft ein Platzproblem. Also ab an die Wand mit dem Fahrrad! Damit die Wandhalterung auch ein Eyecatcher ist, wenn das Rad mal nicht dort hängt, werde kreativ und nutze einen alten Fahrradlenker als Aufhängung!

Hänge die Wandhalterung nicht zu hoch. Gerade Pedelecs und E-Bike haben ordentlich Gewicht, das du sicherlich nicht jedes Mal über Kopf heben willst.

Auch über den Helm gezogen macht eine Duschhaube eine gute Figur und schützt während einer Regenfahrt vor unangenehmen Tropfen durch die Lüftungsschlitze des Helms. Alternativ kannst du auch eine Badekappe über den Helm stülpen.

Bunte Badekappen sind auch gut sichtbar. Du kannst sie auch noch mit Reflektoren ergänzen.

13 REGENHAUBE

Keine Frage: Smartphones sind praktisch und lange Touren, auf denen man nicht ständig in irgendwelchen Karten nachschlagen muss, sind mit ihnen und entsprechenden Apps definitiv einfacher. Allerdings geht die Dauernutzung auch massiv auf den Ladestand des Handy-Akkus. Während der Fahrt kannst du mit Hilfe einer Powerbank jederzeit dein Smartphone nachladen. Die Powerbank befestigst du am besten mit Klettverschlüssen oder wiederverwendbaren Kabelbindern am Lenker.

Wähle ein möglichst kurzes Ladekabel, damit dieses dich bei der Fahrt nicht stört!

14 EXTRA-POWER

15 WACKELKANDIDAT

Der Fahrradkorb muss bombenfest auf dem Gepäckträger sitzen, damit du ihn auch bei holpriger Fahrt oder in Kurven nicht samt Inhalt verlierst und so dich und andere Verkehrsteilnehmer gefährdest. Du kannst ihn aber schnell und einfach mit ein paar Kabelbindern sichern.

Es gibt auch Fahrradkörbe mit Klicksystem. Damit ist der Korb jederzeit abnehmbar und du kannst ihn zum Beispiel auch als Einkaufskorb mitnehmen.

Fahrradkörbe mit großen Gitterabständen sind leichter und günstiger als solche aus engmaschigem Gitter, allerdings fallen hier kleine Gegenstände auch schnell heraus. Damit das nicht passiert, breite ein großes, dünnes Tuch aus und lege deine Utensilien mittig darauf. Nun klappst du erst die Längsseiten nach innen und rollst von der kurzen Seite her das Tuch zusammen. Zur Sicherheit kannst du das gerollte Tuch noch mit einem Gummiband umspannen.

Du kannst dir auch aus einem schönen Stück Stoff einen Bezug für deinen Fahrradkorb nähen. Das sieht chic aus und ist eine ganz persönliche Note für dein Zweirad.

16

LÜCKENBÜSSER

Bequem sitzen kannst du bei der Wartung und Pflege deines Rades, indem du von deinem Fahrrad den Sattel samt Sattelstütze entfernst und in einen Unterstellbock steckst.

Dafür musst du nur zuvor die gelochte Mittelstange des Unterstellbockes herausziehen.

17 WARTUNGSSITZ

Die Nabe hältst du schön sauber, wenn du mehrere Pfeifenreiniger miteinander verdrillst, zu einem Ring formst, um die Nabe legst und die Enden ineinander umbiegst. Der Ring muss etwa einen Finger breit Abstand zur Nabe haben, damit er durch die Drehbewegung beim Fahren seinen Dienst verrichten kann.

Es gibt auch sogenannte Nabenputzringe fertig zu kaufen – in allen möglichen Farben.

18 BLANKE PLATTE

Einem ausgedienten Schulranzen hauchst du ein zweites Leben ein, indem du ihn als Packtasche fürs Rad umfunktionierst. Öffne dazu die Schultergurte und lege sie um die oberste Strebe deines Gepäckträgers. Fädel die Gurte wieder in die Aufnahmen ein und ziehe sie stramm. Überstehendes Gurtmaterial kannst du nun abschneiden oder fest verzurren, damit es bei der Fahrt nicht in die Speichen gerät. Gleiches gilt auch für einen eventuell vorhandenen Beckengurt.

So ein Ranzen ist sehr geräumig, bietet viele (Innen-)Taschen und oft auch Extra-Fächer wie zum Beispiel die seitlichen Taschen für Trinkflaschen. Außerdem ist er bis zu einem gewissen Grad wasserfest. Viele Tornister sind zudem mit vielen Reflektoren ausgestattet, was deine passive Sicherheit auf dem Fahrrad immens erhöht.

19

SCHOOL'S OUT!

20 HÄNGE-PARTIE

Einen Hänge-Kulturbeutel mit Druck- oder Klickverschluss kannst du wunderbar als Rahmentasche fürs Zweirad zweckentfremden. Einfach öffnen, über die Querstange legen und wieder schließen. Der Vorteil: Diese Tasche kannst du schnell wieder abmachen und mitnehmen – ideal also für Wertsachen.

Statt eines Kulturbeutels eignet sich für diesen Hack auch eine Herren-Handtasche.

21

GÜRTEL ENGER SCHNALLEN

Eine Lenkertasche kannst du im Handumdrehen aus einer Gürteltasche upcyceln. Die Tasche vor den Lenker positionieren und die Gürtelenden gegenläufig um die Lenkerstange wickeln. Den Verschluss schließen und ggf. das Gurtband strammziehen.

Auch hier ist von Vorteil, dass du die Tasche schnell wieder vom Fahrrad entfernen und mitnehmen kannst. Und: Verwendest du eine Sport-Gürteltasche, ist hier sogar Platz für eine Trinkflasche!

Du hast nur ein kleines Auto, willst aber dein Fahrrad mitnehmen? Das geht auch ohne Fahrradträger, indem du die hinteren Sitze im Auto umklappst und beim Fahrrad beide Reifen ausbaust. Dann legst du den Fahrradrahmen mit der Kettenseite nach oben in den Kofferraum und deckst das gute Stück mit einer Decke oder einem alten Bettlaken ab. Anschließend legst du vorsichtig die beiden Reifen auf den zugedeckten Fahrradrahmen.

In ganz kleinen Autos oder wenn du die Sitze nicht umklappen kannst, kannst du den Fahrradrahmen auch aufrecht in den Kofferraum stellen. Eventuell musst du dann aber noch die Sattelstütze ausbauen. Hier ist es hilfreich, wenn du dir vorher eine Markierung (z.B. mit einem Klebeband) machst, damit du ohne langes Messen oder Ausprobieren deine optimale Sitzhöhe wieder einrichten kannst.

22 KLEINTRANSPORTER

NOTIZEN

AHA!

Trendsport Radfahren: Allein im Jahr 2020 wurden in Deutschland 2,15 Millionen Fahrräder hergestellt – 1,3 Millionen davon waren überdies E-Bikes! Deren Akkus haben erfahrungsgemäß eine Lebensdauer von etwa 5 Jahren mit einer Laufleistung von 25.000 bis 100.000 km. Alte Akkus kann man überdies laut Batteriegesetz kostenfrei überall dort zurückgeben, wo diese auch vertrieben werden – in der Regel also bei deinem Fahrradhändler.

Reparatur und Pannen

Die Endkappe am Lenker ist weg oder kaputt? Ein Plastik-Sektkorken passt erstaunlich gut in das leere Rohr und sieht noch nicht mal schlecht aus.

Eine fehlende Endkappe kann bei einem Sturz sehr gefährliche Verletzungen nach sich ziehen, vor allem, wenn man etwas sportlicher unterwegs ist. Deshalb solltest du das Lenkerende schnellstmöglich wieder verschließen.

23

Eine Panne erwischt einen immer nur, wenn man weit entfernt von jeder Zivilisation unterwegs ist. Warum eigentlich nie direkt vor einer Fahrradwerkstatt?
Bei der Lösung dieses Mysteriums können wir dir nicht helfen, aber dabei, dein Fahrrad wieder fit zu kriegen – jedenfalls so, dass du wieder nach Hause oder zum nächsten Fahrradladen kommst, ohne den ganzen Weg schieben zu müssen. Natürlich nur, wenn du vorher dieses Kapitel durchstöbert oder das Buch dabei hast. Mach mit deinem Smartphone doch ein Foto von den Reparatur-Hacks, denn dein Handy hast du bestimmt immer dabei …

24 MULTI-KULTI

Bordwerkzeug dabei? Na klar! Auf der sicheren Seite bist du, wenn du dir zusätzlich noch ein gutes Multitool mit vielen verschiedenen Funktionen zulegst. Das ist nicht nur kultig – damit bist du auch für (fast) jede Situation gerüstet.

Neben Messer, Schere, Säge und verschiedenen Inbus-Schlüsseln verfügen Multitools auch über so praktische Dinge wie Flaschen- oder Dosenöffner. Das kann bei einer Rast das wertvollste Tool sein ;-).

25

ABGEHOBEN!

Den Reifenmantel kannst du auch ohne Spezial-Werkzeug von der Felge abziehen, indem du einen Löffel an einer Stelle zwischen Mantel und Felge steckst, den Mantel vorsichtig an dieser Stelle über die Felge hebst und anschließend mit einem zweiten Löffel langsam an der Felge entlangziehst.

Vorher solltest du natürlich die Luft aus dem Schlauch lassen, damit du möglichst wenig Spannung auf dem Mantel hast.

26
ROST-KUR

Eine rostige Kette wird wieder schön sauber, wenn man sie ca. 5 Stunden in Cola oder Zitronensäure einlegt.

Nach der Entrostung darfst du nicht vergessen, die Kette mit Kettenöl neu zu fetten.

Ein Loch im Schlauch kannst du auch unterwegs entdecken, wenn du den Schlauch möglichst stark aufpumpst und an deiner Oberlippe entlangführst. Spürst du einen Luftzug, hast du das Loch gefunden.

Zuhause kannst du den Schlauch einfach stückweise in eine Wasserschüssel halten und an den aufsteigenden Bläschen das Loch ausmachen.

27

WINDHAUCH

28

SCHLAUCHBAND

Ein Loch im Schlauch lässt sich am besten mit einem Reparaturkit flicken, welches sowohl Kleber als auch Patches beinhaltet. Im Notfall tut's aber auch ein Stück Panzerband, welches du im halb aufgepumpten Zustand des Schlauches zwei- bis dreimal um die löchrige Stelle wickelst.

Dieser Hack wird dich nach Hause bringen, aber nicht ewig halten. Also tausche den Schlauch zügig aus oder repariere ihn vorschriftsmäßig, sobald du die Gelegenheit hast.

29 ALLES HAT EIN ENDE ...

... nur dein Schlauch hat zwei – zumindest bei diesem Lifehack. Wenn du ein Loch im Schlauch und kein Flickzeug dabei hast, suche zunächst das Loch und schneide den Schlauch an dieser Stelle durch. Knote die Enden des Schlauches jeweils möglichst materialschonend zusammen und ziehe ihn wieder auf.

Das ist natürlich nur eine Notlösung und du musst vorsichtig weiterfahren. Aber immerhin musst du nicht schieben ...

30 RAD ZENTRIEREN – SO GEHT'S

Das Rad hat einen Schlag und eiert? Du kannst es mit folgendem Trick notdürftig zentrieren:

1 **Befestige einen Kabelbinder am Rahmen und kürze ihn ein wenig, sodass er ganz knapp bis zur Felge reicht.**

2

2 **Nun drehst du das Rad und kannst genau sehen, an welcher Stelle die Felge weiter vom Ende des Kabelbinders entlangläuft.**

3 **An dieser Stelle musst du nun mit einem Speichenspanner die Speichen nachspannen oder lockern.**

3

Geht die Felge nach rechts, drehst du die linke Speiche fester und/oder lockerst die rechte Speiche. Zum Festziehen einer Speiche immer gegen den Uhrzeigersinn drehen, zum Lösen im Uhrzeigersinn!

31

LÖCHER STOPFEN

Ist der Reifenmantel durchgescheuert oder aufgerissen, kannst du ihn an der entsprechenden Stelle abziehen und ein Stück Kunststoff (z. B. die Verpackung deines Müsliriegels) von innen an die defekte Stelle stopfen. Ist der Riss an der Reifenflanke, kannst du auch etwas Festeres wie beispielsweise eine Plastikkarte verwenden.

Wie du den Reifenmantel von der Felge abhebst, kannst du in Hack Nr. 25 nachlesen.

Wenn eine Speiche gebrochen ist, kannst du nach einer kleinen Not-Reparatur noch weiterfahren. Entferne einfach die entsprechende Speiche. Wenn das nicht geht, wickle sie um die daneben liegenden Speichen.

Nun musst du das Rad allerdings zentrieren, da es sonst einen Schlag hat. Wie das geht, erfährst du auf Seite 42/43.

32 BRUCHSTELLE

33

LINKS HERUM UND RECHTS HERUM

Hat das Pedal zu viel Spiel und wackelt, drehe es heraus und umwickle das Gewinde mit etwas Klebeband. Nun das Pedal wieder in den Kurbelarm einsetzen.

Das rechte Pedal hat überdies ein normales Rechtsgewinde, das linke Pedal allerdings ein Linksgewinde. Dadurch wird verhindert, dass das linke Pedal sich durch die Drehbewegung selbsttätig herausdreht.

Reißt der Schaltzug, ist das zwar ärgerlich, aber du kannst problemlos weiterfahren, wenn du die Kette auf das kleinste Ritzel legst und die losen Kabel entweder entfernst oder fest am Rahmen verknotest.

Du könntest natürlich auch in einem höheren Gang weiterfahren, allerdings werden Steigungen dann zum Kraftakt. Deshalb solltest du den kleinsten Gang wählen.

34

KLEINER GANG

Tubeless-Reifen – also Reifen, die ohne einen Schlauch auskommen – sind im Trend und werden vor allem bei Mountainbikes gerne verbaut. Vorteile sind u. a. ein besseres Fahrgefühl, da man mit geringerem Luftdruck fahren kann. Außerdem verschließen sich kleinere Löcher im Reifenmantel durch die regelmäßig nachzufüllende Dichtmilch oft von selbst. Größere Löcher oder Risse kannst du unterwegs mit diesem Trick notdürftig reparieren:

1 Schneide von einem breiten Haushaltsgummi ein ca. 5 cm langes Stück ab.

35 SCHLAUCHLOS GLÜCKLICH

1

2 Stopfe dieses Gummistück mit einem Inbus-Schlüssel in das Loch des Reifenmantels.

3 Schneide überstehendes Material so ab, dass das Gummi nicht über die Profiltiefe des Mantels hinaus schaut.

4 Nun sollte sich das Loch durch die im Reifeninneren vorhandene Dichtmilch selbst abdichten. Perfekt wäre es, wenn du etwas Dichtmilch dabei hast und entsprechend nachfüllen kannst. Jetzt musst du nur noch den Reifen aufpumpen und kannst nach Hause fahren.

Hast du dir eine Schraube eingefahren, entferne diese nicht, sondern drehe sie sogar noch ein Stück in den Reifen hinein. Sie dichtet zusammen mit der Dichtmilch das Loch ab.

36 ABREIBUNG

Glasige Bremsbeläge machst du wieder fit, wenn du sie ausbaust und auf einer rauen Oberfläche (Bordstein, Gehweg) kräftig hin- und herreibst. Du kannst sie auch mit Sandpapier abreiben, falls du welches zur Hand hast.

Es geht um deine eigene Sicherheit, also ersetze die Bremsbeläge sobald es geht gegen neue.

37 LÖSEMITTEL

Lenkergriffe lassen sich leichter vom Lenker abziehen, wenn du etwas Wasser am Lenkerrohr entlang- und unter die Griffe laufen lässt.

Mit demselben Trick lassen sich Griffe auch wieder auf den Lenker aufziehen!

38
KOPF AB!

Du willst an der Tankstelle deine Reifen mit dem Reifenluftdruckgerät befüllen und stellst fest, dass das Gerät nicht auf dein Ventil passt? Drehe die Kappe von deinem Ventil ab, schneide die obere Hälfte ab und drehe die Kappe wieder auf das Ventil. Jetzt kannst du problemlos Luft in deine Reifen pumpen.

Ein passender Adapter kostet nicht die Welt und nimmt in deiner Bordwerkzeugtasche nicht viel Platz weg. Eine Anschaffung lohnt sich also!

Wenn du nach einer Reparatur Schrauben mit einem Drehmoment optimal angezogen hast, mach dir mit einem Edding oder einem speziellen Schraubenmarkierer einen Strich auf der Schraube und auf dem Gegenstück. Musst du unterwegs etwas abschrauben (z. B. für eine Notreparatur), merke dir, wieviele Umdrehungen du zum Lösen der Schraube brauchst, und drehe sie mit genau so vielen Umdrehungen wieder fest.

Außerdem kannst du auf diese Weise sofort sehen, wenn sich die Schrauben unbeabsichtigt lose drehen.

39

SCHRAUBE LOCKER?

SPRAYEN ERLAUBT!

Fülle eine leere Minispray-Flasche mit einem Universalspray. Die kleine Flasche findet sicherlich noch einen Platz in deiner Bordwerkzeugtasche.

Die kleine Flasche ist nicht nur handlich, du kannst das Universalspray damit auch sehr gut dosieren!

NOTIZEN

AHA!

Denkwürdig: Sind dir schon einmal komplett weiß lackierte Fahrräder am Straßenrand aufgefallen? Hierbei handelt es sich um sogenannte „Geisterräder", die an Orten installiert werden, an denen ein Radfahrer oder eine Radfahrerin tödlich verunglückt ist. Einerseits dient so ein Geisterrad als Gedenkstätte, andererseits soll es auch auf eine mögliche Gefahrenstelle hinweisen – und so andere Verkehrsteilnehmer zu mehr Aufmerksamkeit und gegenseitiger Achtsamkeit anregen. Die ersten 20 „Ghost Bikes" wurden überdies im Jahr 2003 in St. Louis / Missouri aufgestellt. In Deutschland wurden die ersten elf Geisterräder 2009 in Berlin gesichtet.

Stadt, LAND Tour

Getränkekisten auf dem Fahrrad kannst du mit zwei stabilen (Leder-) Gürteln seitlich am Gepäckträger verzurren. Um das Gewicht gleichmäßig zu verteilen, ist es besser, auf beiden Seiten je einen Kasten zu montieren und diesen eventuell jeweils nur zur Hälfte zu beladen.

Beachte unbedingt das vom Hersteller deines Rades angegebene maximale Benutzergewicht. Dieses setzt sich zusammen aus dem Gewicht des Fahrrads, deinem Gewicht (inkl. Kleidung) und der eventuellen Zuladung.

Überall sieht man sie, die Fans des Radelns: In der Stadt, auf dem Land, am Meer, in den Bergen – selbst in die Wüste treibt es einige ganz Hartgesottene!
Von diesem Extrem einmal abgesehen: Das Rad kann dich im Alltag begleiten oder sogar zum Gefährt(en) für deinen nächsten Urlaub werden. Ob nun mehrtägige Radreisen, kurze Tagestouren, die Fahrt zur Arbeit, zum Supermarkt oder in den nahegelegenen Park – für alle Lebenslagen haben wir Tipps rund ums Packen, mobil sein und bleiben, für die Tourenplanung und zum Finden einer passenden Unterkunft.
Das Fahren im Winter, bei Regen oder bei Nacht stellt noch einmal eine ganz andere Herausforderung dar. Auch dafür haben wir ein paar nützliche Tipps.

42

EINLEUCHTEND

Mit Knicklichtern, die du mit je zwei Kabelbindern an den Speichen befestigst, bist du nachts vor allem von der Seite nicht mehr zu übersehen!

Pro Rad reichen 4 bis 6 Knicklichter aus.

43

REIBEFLÄCHE

Rutscht dir deine Trinkflasche immer aus der Halterung, kann es helfen, die Flasche mit Sandpapier zu umkleben.

Die erhöhte Reibung (und natürlich auch das aufgetragene Material) sorgen für eine bessere Haftung in der Halterung.

44
FUSSKALT

Hast du beim Radfahren im Winter immer kalte Füße? Vor allem die Zehen sind durch ihre exponierte Lage gefährdet, Erfrierungen zu erleiden. Dem kannst du entgegenwirken, indem du deine Füße zuerst in eine leere (und ausgewaschene) Chipstüte steckst und dann erst Socken und Schuhe darüber ziehst. Das Aluminium in der Tütenfolie sorgt für eine gute Isolierung und hält deine Füße warm.

Du kannst auch normale Alufolie um die Füße wickeln, allerdings ist eine Chipstüte weitaus reißfester – und du kannst deinen Müll gleich upcyclen.

Bei Kälte und Schneefall bist du mit einem Skihelm besser gegen die Witterungseinflüsse geschützt als mit einem normalen Fahrradhelm. Auch eine Skibrille schützt dich dann besser als eine normale Sportbrille.

Ein Skihelm hat weniger Lüftungsöffnungen als ein Fahrradhelm und lässt deswegen weniger kalte Luft – und Schneeflocken – hinein. Die Skibrille hat ein ausgeklügeltes Belüftungssystem und beschlägt nicht so leicht.

45

SKIFOAN!

46 DER MARYLIN-TRICK

Du möchtest gerne mit Rock fahren, aber der Stoff weht dir bei zügiger Fahrt immer hoch? Nimm eine 2-Euro-Münze, stecke sie von hinten durch deinen Rock hindurch und befestige sie von vorne mit einem Haargummi. So hast du blitzefix aus deinem Rock einen Hosenrock gemacht, mit dem du super weiterradeln kannst.

Du kannst zwar auch eine andere Münze verwenden, aber je kleiner die Münze ist, desto weniger Halt hat das Ganze. Alternativ kannst du dir auch einen entsprechend großen Stein suchen.

47

GUMMITWIST

Sperrige Gegenstände lassen sich gut mit einem Fahrrad transportieren, wenn du im Dreiecksrahmen des Rades mit einem Fitness-Gummiband ein Gepäcknetz spannst. Dazu gehst du mit dem Gummiband mehrmals von oben nach unten und von links nach rechts. In den so entstandenen Zwischenraum kannst du nun dein Gepäckstück einklemmen.

Dieser Trick ist auch perfekt für Rennräder, auf denen du sonst keine Transportmöglichkeiten hast!

48 HALT-BAR

1 Für eine Handyhalterung für dein Rad brauchst du: die Unterschale einer passenden Smartphone-Hülle, zwei Kabelbinder, ein Stück Gurtband und eine Heißklebepistole.

2 Auf die Außenseite der Hülle klebst du mit nur zwei Heißklebe-Punkten ein etwa 5 cm langes Stück Gurt fest.

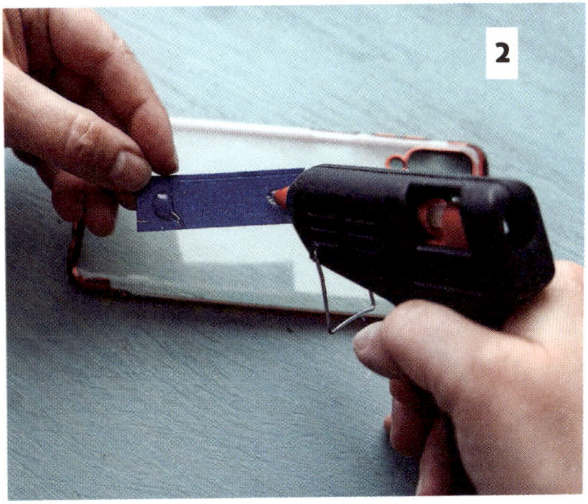

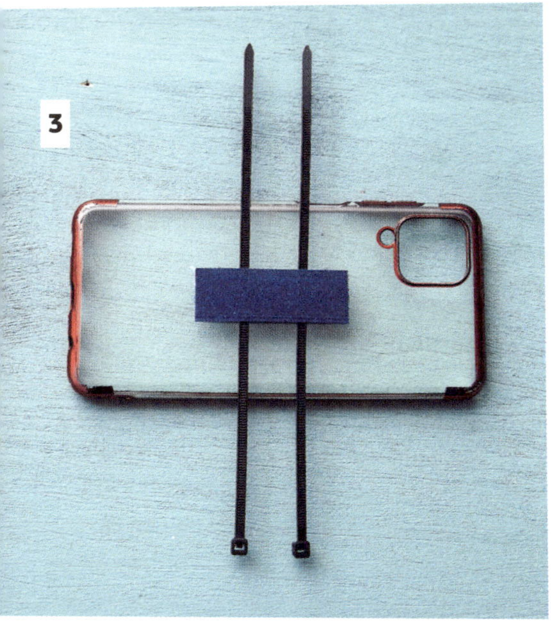

3 Durch den Gurt ziehst du nun zwei lange Kabelbinder.

4 Die Halterung bindest du mit dem Kabelbinder an eine geeignete Stelle an deinem Lenker.

49

KARABINIERI

Eine Handtasche, Aktentasche oder eine Umhängetasche kannst du mit Hilfe von zwei Karabinern im Handumdrehen zu einer Fahrradtasche umfunktionieren. Hake dazu die Karabiner in die Ösen, in denen normalerweise der Tragegurt befestigt ist, und mache dann die Karabiner am Gepäckträger fest.

Den Tragegurt solltest du lieber abmachen oder in der Tasche verstauen, damit sich der Riemen nicht in den Speichen verfängt!

Damit dir deine Tasche nicht in die Speichen gerät, kannst du dir aus einem Kleiderbügel einen Speichenschutz bauen. Hake dazu den Kleiderbügel mit dem Aufhänger hinten am Gepäckträger ein und befestige die vordere Schulterrundung mit Kabelbindern am Gestänge.

Eleganter sieht es natürlich mit einem gekauften Speichenschutz aus, den es in vielen verschiedenen Ausführungen gibt, darunter welche aus Plastik, Metall, Stoff oder sogar gestrickte Modelle.

50 SPEICHENSCHUTZ

51

DRUCK LASS NACH

Wenn es draußen kalt, nass und glatt wird, wähle einen niedrigeren Reifendruck für dein Rad.

Ein niedriger Reifendruck erhöht die Auflagefläche des Reifens und erhöht damit den Rollwiderstand. So fährst du etwas sicherer in der kalten Jahreszeit. Aufpassen musst du natürlich trotzdem!

52 AUF KANTE

Wenn dein Fahrrad keinen Fahrradständer hat, kannst du es trotzdem ganz elegant abstellen. Wähle dazu einen Bordstein und drehe das Pedal rückwärts. Stelle das Rad auf dem Pedal ab.

Vorsicht: Wenn du das Pedal vorwärts drehst, fällt dein Rad um!

53

FINGERFOOD

Mit dem Fahrrad zum Picknick – einfach unschlagbar! Aber Geschirr und Besteck bringen ordentlich Gewicht mit, das du dir sparen kannst, wenn du nur Sachen einpackst, die man mit den Fingern vernaschen kann, zum Beispiel:

UNGESCHÄLTES OBST

HARTGEKOCHTE EIER UND SCHMACKHAFTE FRIKADELLEN

BELEGTE BRÖTCHEN ODER KREATIVE WRAPS

HERZHAFTE SNACKS

TROCKENE KUCHEN, MUFFINS ODER BROWNIES

UND GESUNDE MÜSLIRIEGEL. DIE KANNST DU WIE FOLGT SELBST ZAUBERN:

Rezept für gesunde Müsliriegel:

- **250 g ungesüßte Müslimischung nach Wahl**
- **30 g Butter**
- **45 g Honig**
- **60 g (Rohr-)Zucker**

Zubereitung:

Zucker, Honig und Butter in einem Topf kurz aufkochen und dann zur Müslimischung geben. Alles gut miteinander vermengen und anschließend auf ein Backblech streichen. Bei 130 °C (Umluft) etwa 30 Minuten backen. Noch warm in 6 große oder 12 kleine Müsliriegel schneiden. Auskühlen lassen und genießen.

Sieht aus wie ein kleines Gewächshaus, ist aber ein Regenschutz für dein Smartphone: Trenne das obere Drittel einer PET-Flasche ab und schneide auf eine Seite ein Loch (die Größe musst du an deine Handy-Halterung anpassen). Stülpe dies nun über deine Halterung, sodass der Boden der Flasche in Fahrtrichtung zeigt. Erst jetzt steckst du das Handy in die Halterung. Wähle ruhig eine große Flasche aus, dann kannst du das Handy auch noch unter dem Regenschutz bedienen.

Die Flasche schützt dein Handy überdies auch vor Staub und Matsch!

54 FLASCHEN-KASTEN

55

SCHLOSS UND RIEGEL

Befestige ein stinknormales Vorhängeschloss an der Bremsscheibe oder am Tretlager, und das Wegfahren mit deinem Rad ist nicht möglich!

Auch das Knacken des Schlosses z. B. mit einem Bolzenschneider wird an dieser schwer zugängigen Stelle sehr erschwert. Allerdings kann ein Dieb dein Rad immer noch wegtragen, weswegen du es mit einer guten Fahrradkette an einem fest montierten Gegenstand anschließen solltest.

56

DAS SCHLAUCHT!

Um den Lack deines Fahrrades und auch deines Bügelschlosses nicht zu beschädigen, ziehe ein Stück alten Gartenschlauch über den Bügel des Schlosses. Je nach Schlauch sieht das sogar noch stylisch aus!

Hast du keinen Schlauch, kannst du den Bügel auch mit Isolierband umwickeln.

57

EXPANDIEREN

Um mehr Gepäck transportieren zu können, hake einen Expandergurt unter dem Sattel ein, schlinge den Gurt um die Sattelstütze und hake das andere Ende ebenfalls unterm Sattel ein. Hier kannst du zum Beispiel deinen Schlafsack oder eine Picknickdecke unterbringen.

Achte darauf, dass der Expander stramm sitzt, wenn dein Gepäckstück damit verzurrt ist, damit sich während der Fahrt nichts löst. Am besten wählst du einen relativ kleinen Gurt!

Eine leere Desinfektionstücher-Dose kannst du als Utensilo upcyceln und unter deinen Fahrradsitz hängen. Bohre dazu zwei Löcher im Abstand von etwa 10 Zentimetern auf eine Seite. Ziehe den Deckel von der Dose und fädele durch die beiden Bohrlöcher einen langen Kabelbinder ein, sodass die Enden des Kabelbinders nach außen zeigen. Nun schließt du den Kabelbinder unterhalb deines Sattels.

Die Dose bietet Platz für vielerlei Sachen wie zum Beispiel Schlüssel, Bordwerkzeug oder auch – je nach Größe – dein Handy. Nachdem du alles verstaut hast, vergiss nicht, den Deckel wieder auf die Dose zu stecken!

58

DIY-UTENSILO

59

HALTERUNG FÜR EILIGE

Spanne ein Haushaltsgummi einmal um das obere Ende deines Smartphones, ziehe das lose Ende um das Lenker-Rohr und dann um das untere Ende deines Handy.

Wenn das Gummi zu lang ist, lege es vorher doppelt, damit dein Handy auch wirklich sicher sitzt und sich bei der Fahrt nicht losrappelt! Je stabiler und dicker das Gummiband, desto sicherer.

60 TRINK-ROHR

Einen coolen Trinkflaschenhalter bastelst du dir aus einer Chipsröhre.

1 Dazu brauchst du: leere, ausgewaschene Chipsröhre, Papier oder selbstklebende Folie, zwei Kabelbinder, Heißklebepistole

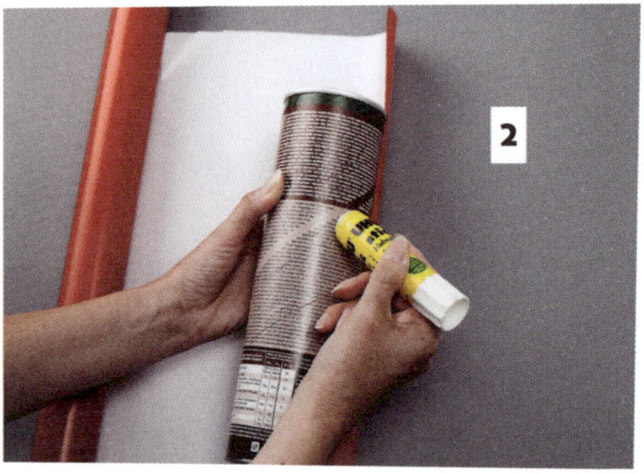

2 Beklebe die Röhre von außen mit einer selbstklebenden Folie, dann ist sie besser gegen Nässe geschützt.

3 **Schneide das Papier zurecht, sodass es genau passt.**

4 **Klebe nun zwei Kabelbinder mit einer Heißklebepistole fest.**

5 **Befestige die Röhre anschließend mit den Kabelbindern am Rahmen. Achte dabei darauf, den Schaltzug nicht einzuklemmen!**

6 **Nun kannst du eine Trinkflasche in die Chips-Röhre stecken und sogar den Deckel wieder aufsetzen, um die Flasche vor Regen, Staub und Matsch zu schützen!**

Es sieht auch sehr cool aus, wenn du statt mit einer bunten Folie die Chipsröhre mit durchsichtiger Buchfolie beklebst!

Musst du auf einer Radwandertour Essen für mehrere Tage mitnehmen, geht das ordentlich ins Gewicht. Dabei ist es vor allem Wasser, was du mit dir rumschleppst – eine Möhre zum Beispiel besteht zu 86 % aus Wasser! Dieses Zusatzgewicht kannst du dir sparen, wenn du dehydrierte Trockennahrung mitnimmst, die du erst vor dem Verzehr mit Wasser ansetzt. Das Zauberwort heißt „Dörren" bei einer Temperatur von 55 bis 70 °C. Das geht mit einem Backofen, wenn du während des Trockenvorganges einen Kochlöffel zwischen die Türe steckst, damit die Feuchtigkeit entweichen kann. Je nach Obst- oder Gemüseart dauert es mehr oder weniger lang, bis der Dörrvorgang beendet ist. Manche Gemüsesorten musst du außerdem vorkochen und dann trocknen, damit diese nach der Dehydrierung nicht zäh und hart bleiben. Nach dem Dörren packst du alle Zutaten für eine Mahlzeit in einen verschließbaren Gefrierbeutel und notierst darauf, wieviel Wasser zugegeben wird und was eventuell noch zugefügt werden muss – meist Butter oder Öl (das du in einem kleinen Fläschchen abgefüllt dabei haben solltest). Bei der Zubereitung deines Mahls brauchst du dann nur noch (heißes) Wasser und ein paar Minuten Geduld, bis du schmausen kannst – und du kannst zur Not sogar direkt aus der Tüte essen, wenn du kein Geschirr dabei hast.

Probier es einfach einmal aus – unser nachstehendes Rezept soll an dieser Stelle nur eine Inspiration sein!

61 TROCKENFUTTER

NUDELN MIT TOMATEN-GEMÜSE-SUGO FÜR JE 1 PERSON

1 Dazu brauchst du:

- 1 Möhre (in Scheiben schneiden und vorgekocht)
- 1 Lauchzwiebel (in feine Scheiben geschnitten)
- ½ Paprikaschote (gewaschen und in Streifen geschnitten)
- ¼ Zucchini (in Scheiben geschnitten)
- 2 EL Parmesan
- 2 EL Tomatenmark
- 1 Block Asia-Nudeln (Mie-Nudeln)
- 1 EL Milchpulver (Magermilchpulver aus dem Handel, es geht auch Babymilch!)
- 1 TL gefriergetrocknete Zwiebeln (aus dem Supermarkt)
- ¼ TL Rosmarin-Pulver
- ¼ TL Thymian-Pulver
- ¼ TL Knoblauch-Pulver
- ½ TL Salz
- 1 Prise Pfeffer
- Gefrierbeutel

2 Gekochte Möhrenstückchen, Lauchzwiebel, Paprikaschoten, Zucchini, Tomatenmark und den Parmesan jeweils auf einem Fleck eines Backbleches verteilen und im Backofen (oder im Dörrautomat) bei ca. 50 °C dörren

3 bis sie richtig getrocknet sind.

4 In einen Gefrierbeutel geben, zusammen mit:

- 1 Block Asia-Nudeln (Mie-Nudeln)
- 1 EL Milchpulver (Magermilchpulver aus dem Handel, es geht auch Babymilch!)
- 1 TL gefriergetrocknete Zwiebeln (aus dem Supermarkt)
- ¼ TL Rosmarin-Pulver
- ¼ TL Thymian-Pulver
- ¼ TL Knoblauch-Pulver
- ½ TL Salz
- 1 Prise Pfeffer

5 Vor Ort dazugeben (Gefrierbeutel beschriften!): ca. 200 ml heißes Wasser, 1 EL Öl oder Butter, Ziehzeit: ca. 5 bis 10 Minuten

6 Guten Appetit!

62

SCHLÜSSEL(AN)BORD

Deinen Schlüssel kannst du während der Fahrt nicht verlieren, wenn du ihn mit einem Karabiner, den du am Schlüsselring befestigst, am Schalt- oder Bremszug einhakst.

Allerdings solltest du nicht vergessen, den Schlüssel abzumachen, wenn du dein Rad irgendwo abstellst!

Wenn du eine Radwandertour mit Übernachtungen in Pensionen, Jugendherbergen oder Hotels planst, denke daran, auch für den Fall gerüstet zu sein, dass du aufgrund einer Panne vielleicht zu spät ankommst oder kein Platz in der Herberge frei ist. Dann solltest du wenigstens einen sogenannten „Not-Schlafsack“ dabei haben. Das ist im Prinzip eine sackförmige Folie, die dich über Nacht warm hält und auch wasserdicht ist. Außerdem ist sie sogar groß genug, daraus auch ein Notzelt zu bauen oder mit zwei Leuten darin zu schlafen.

Natürlich ist ein solcher Not-Schlafsack nicht besonders kuschlig, aber das Packmaß ist extrem klein und passt in jede Fahrradtasche!

63

NOT-BIWAK

64 TRAUMHAFT

Wie schön ist es doch, abends seinen Kopf auf ein weiches Kissen zu betten! Aber ein Kissen auf dem Fahrrad mitschleppen? Stopfe einfach ein paar Klamotten in den Beutel deines Schlafsackes und einer erholsamen Nacht steht nichts mehr im Weg!

Es gibt auch aufblasbare Kopfkissen, die so gut wie keinen Platz im Gepäck wegnehmen!

65

BEI DER STANGE HALTEN

Wenn du zeltest und dein Fahrrad nicht sicher in der Nähe anschließen kannst, stecke eine Zeltstange durch den Hinterreifen deines Rads. Wenn jemand dein Fahrrad klauen will, muss er schon das halbe Zelt abbauen!

Du kannst zusätzlich noch – wenn vorhanden – die Schnellspanner an Vorder- und Hinterrad aufdrehen. Wenn der Dieb das Fahrrad hochhebt, fallen die Reifen heraus, und er hat nur noch den Rahmen in der Hand.

66

ALAAAAAAARM!

Ein Handalarmgerät kannst du auch als sehr effektive Alarmanlage fürs Fahrrad verwenden. Mache dazu das Gerät am Fahrrad fest (z. B. an einer Speiche). Die Schlaufe des Stiftes befestigst du am Fahrradständer oder – falls nichts anderes vorhanden ist – mit einem Zelthering oder ähnlichem im Boden.

Wenn man das Fahrrad wegzieht, zieht sich automatisch der Stift aus dem Alarmgerät und es ertönt ein extrem lauter Warnton von bis zu 140 dB!

67

LEERLAUF

Hast du kein Schloss dabei, kannst du einem potentiellen Langfinger das Leben trotzdem schwer machen, indem du einfach die Kette vom Ritzel nimmst, bevor du das Rad abstellst. Der Tritt ins Leere wird dem Dieb eine Lehre sein!

Stelle dein Rad niemals in einer dunklen, uneinsehbaren Ecke ab. Wähle an Orten, an denen viele Räder abgestellt werden, immer einen vorderen Platz. Ganoven mögen es nicht, beobachtet zu werden auf ihrer Diebestour.

68

REGEN-PONCHO

Es schüttet wie aus Eimern und du hast dein Regendress zuhause vergessen? Nimm einen Müllsack, ritze oben ein Loch für den Kopf und seitlich zwei Löcher für die Arme hinein. So ist wenigstens dein Rumpf vor der Nässe geschützt!

Gegen einen nassen Kopf hilft dir Hack Nr. 13 weiter!

69 LÖWEN-MÄHNE

Deine Langhaar-Frisur ähnelt nach dem Radfahren immer einem Wischmopp, die Haare stehen dir zu Berge oder sind vom Helm plattgedrückt? Versuche es das nächste Mal mit einem hübsch geflochtenen Zopf!

Es gibt inzwischen sogar spezielle Fahrradhelme, die hinten eine etwas weitere Öffnung für Zöpfe haben!

Das Wetter ist optimal fürs Picknick, aber der Rasen ist noch feucht? Lege einen aufgeschnittenen Müllsack unter dein Tuch oder deine Decke, damit deine Hose trocken bleibt!

Du kannst auch eine leere Chipstüte oder eine andere flache Verpackung nehmen.

70

TROCKEN FUTTERN

Die Radtouren auf dem Smartphone zu planen und dieses bequem mittels GPS als Navi zu benutzen, ist bequem sicherlich eine feine Sache. Trotzdem solltest du für den Fall der Fälle – ganz oldschool – noch eine Radkarte oder Landkarte der Region mitnehmen, in der du dich aufhältst. Vor allem in ländlichen Gegenden ist die Internetverbindung nicht immer gewährleistet, dein Akku könnte schwächeln oder dein Handy aufgrund eines technischen Defektes (beispielsweise nach einem Sturz) ausfallen.

An vielen beliebten Radwegen oder Trassen hängen Infokästen mit Broschüren und regionalen Karten.

71 KARTENLESER

72

WÄSCHEKLAMMER-LICHT

Manchmal ist der Clip an den Fahrradleuchten einfach zu klein, um sie irgendwo am Fahrrad festzumachen. Dann greife zu einer Holzklammer und befestige deine Lampe mit zwei Kabelbindern daran. Nun kannst du die Lampe überall hinklemmen, wo du magst, zum Beispiel an den Fahrradkorb.

Eventuell musst du einen Schenkel der Klammer etwas kürzen, um den Power-Schalter der Lampe betätigen zu können.

Verzichte zum Transport deines Picknick-Festmahls auf schwere und zerbrechliche Gläser. Nutze stattdessen Brotdosen aus Plastik oder Edelstahl. Trockenes Essen kannst du auch in Papiertüten (vom Bäcker oder Papier-Komposttüten) oder in Bienenwachstücher einwickeln.

Papiertüten kannst du anschließend sogar noch als Abfalltüten verwenden, denn deinen Müll solltest du natürlich auf keinen Fall liegen lassen – auch keinen Bio-Abfall wie Obst- oder Eierschalen!

73

LEICHTGEWICHT

Um dein Getränk während der Radtour kühl zu halten, ziehe eine nasse Socke über die Flasche. Durch die Verdunstungskälte und den Fahrtwind bleibt dein Trinken angenehm kühl, auch wenn es in der Sonne steht. Wenn du einen hast, stelle die Flasche in deinen Lenkerkorb, da hier der Fahrtwind am stärksten ist.

Eine Edelstahl-Thermosflasche hält dein Getränk ebenfalls auf Trinktemperatur und ist dabei nicht so schwer und zerbrechlich wie Glas!

74 COOLE SOCKE

75

GAR NICHT AUFBRAUSEND

Und wie öffnet man nun eine geschüttelte Getränkedose, ohne dass sie überschäumt? Klopfe mit den Fingerspitzen einmal rundherum an den Außenwänden entlang. Es mag zwar zischen beim Öffnen, aber es sprudelt kaum über.

Durch das Abklopfen der Seitenwände werden die Kohlensäurebläschen von der Wand geklopft und sammeln sich unter dem Deckel der Dose. So können sie beim Aufreißen der Lasche entweichen, ohne Flüssigkeit mitzureißen.

Schlampermäppchen eignen sich hervorragend, um Besteck – vor allem scharfe Messer – zu transportieren, weil das Material sehr stabil ist und nicht so schnell durchstochen wird.

Auch Werkzeug lässt sich in diesen Schulmäppchen wunderbar verstauen!

76

MIT MESSER UND GABEL

77

GROSS ODER KLEIN?

Bereits bei der Planung einer Radwanderung solltest du dir genau überlegen, wo du übernachten möchtest. Wirst du hauptsächlich in festen Unterkünften wie Pensionen, Hotels oder Jugendherbergen schlafen, reicht ein kleines Notzelt vollkommen aus. Möchtest du aber die ganze Zeit im Zelt kampieren, darf das ruhig etwas größer und komfortabler ausfallen.

Zelte mit sogenannten Apsiden – kleine Überstände durch eine verlängerte Dachhaut am Ausgang des Zeltes – sind ideal, um auch bei Regenwetter einigermaßen geschützt dein Essen zuzubereiten oder auch deine Ausrüstung über Nacht unterzubringen.

78 SCHLAFPLATZ-SUCHE

Es gibt Herbergen, die sich auf Radwanderer spezialisiert haben. Sie bieten auch Unterkünfte für nur eine Nacht an, haben sichere Unterstellmöglichkeiten für das Rad oder stellen auf Campingplätzen beispielsweise Koch- oder Sitzmöglichkeiten bereit. Hier ist es am besten, vorab zu reservieren und die Route entsprechend zu planen.

Kommerzielle Anbieter wie Hotels, Pensionen, Campingplätze oder Jugendherbergen bieten diesen Service immer öfter an. Aber es gibt auch private Plattformen, bei denen man selbst als Gastgeber auftritt und im Gegenzug bei einem anderen Teilnehmer nächtigen kann – und zwar kostenlos!

Kleidung wie Shirts oder Socken solltest du für deine Radwanderung aus schnelltrocknendem Material wählen. Unsere Empfehlung: Kleidung aus Merinowolle! Die ist nämlich nicht nur leicht und eben schnelltrocknend, sie riecht auch nach mehreren Tagen Benutzung nicht nach Schweiß. Sprich: Du kannst sie mehrere Tage hintereinander anziehen, ohne zu müffeln! Nachts solltest du sie jedoch gut durchlüften.

Du sparst dir dadurch jede Menge Gepäck und damit Gewicht!

79

SCHWEISSARBEIT

Ein mobiles Solarpanel sorgt für ein paar Tage für eine autarke Stromversorgung. Tagsüber bringst du das Panel im Fahrradkorb oder in der Kartentasche deines Rucksackes unter, abends kannst du dann die gesammelte Energie via Kabel ins Smartphone tanken. Panels fürs Camping sind meist faltbar und können so auch im Rucksack sehr gut transportiert werden.

500–1000 g Zusatzgewicht muss man allerdings einplanen, wenn man auf diese unabhängige Energiequelle setzt. Etwas dünner und damit leichter, aber ebenso robust sind Panels, die für Expeditionen konzipiert wurden. Allerdings sind sie auch deutlich teurer!

80

DIE KRAFT DER SONNE

81

DA GEHT DIR EIN LICHT AUF!

Wir alle haben es gelernt: Will man als Radfahrer abbiegen, muss man Handzeichen geben. Was aber bei Nacht, wenn man den Arm nicht oder nur sehr schlecht sehen kann? Im Partyzubehör gibt es sogenannte Fingerlampen. Stecke dir davon ein oder zwei an jede Hand, und schon kann ein Autofahrer erkennen, wenn du abbiegen möchtest.

Alternativ kannst du dir auch aufbügelbare Reflektor-Streifen besorgen und in Pfeilform auf den Unterarmen deiner Jacke aufbügeln. Dann musst du aber immer genau diese Jacke dabei haben, wenn du nachts fährst.

Wenn der Fahrradständer auf sandigem oder matschigem Untergrund einsackt, suche einen großen Stein oder nimm einen V-förmigen Zelthering und lege ihn unter den Ständer.

Dadurch wird die Auflage vergrößert und das Gewicht des Fahrrades verteilt sich auf eine größere Fläche.

82 NICHT NACHLASSEN!

83

WIRBELWIND

Der Regenponcho „fliegt“ durch den Fahrtwind nicht nach oben, wenn du dort, wo die Hände sind, zwei Schlaufen aus Hosengummi annähst, durch die du die Damen stecken kannst.

Da du durch Spritzwasser dennoch von unten nass werden kannst, solltest du auf eine regenfeste Hose nicht verzichten!

84

WÄSCHESTÄNDER

Nasse Klamotten kannst du trocknen, indem du sie nach der Tour großzügig über deinem Fahrrad ausbreitest. Das funktioniert natürlich nur, wenn es nicht regnet!

Trockene Kleidung verpackst du am besten in wasserdichten Beuteln. Dazu musst du keine teuren Spezialtaschen im Campingzubehör kaufen – normale Gefrierbeutel erfüllen den gleichen Zweck!

85

FAHRRAD-MANTEL

Leider kannst du deinen Drahtesel – z. B. beim Camping – nicht immer unterstellen. Bei trockenem Wetter ist das nicht ganz so tragisch. Regnet es aber Stein auf Bein, decke dein Rad mit deinem Regenponcho ab und verzurre diesen mit ein oder zwei Expandern, damit er bei Wind nicht das Weite sucht.

Du kannst auch eine Fahrrad-Schutzhülle mitnehmen. Diese bekommt man schon für kleines Geld, du musst aber mit gut einem halben Kilo Zusatzgewicht rechnen.

86 FAHRRAD-ZELT

Aus einer Bauplane oder einem Tarp kannst du dir ein Notzelt bauen, das du ganz einfach mit ein paar Schnüren an Bäumen abspannen kannst. Was aber, wenn kein Baum oder etwas Ähnliches da ist? Dann nimm dein Rad, lege die Plane zu etwa einem Drittel darüber und spanne die Seiten ab. So hast du Platz zum Schlafen und dein Fahrrad ist auch noch geschützt. Allerdings ist bei diesem „Zelt" mindestens eine Seite offen. Diese sollte immer zur wetterabgewandten Seite schauen!

Wenn ihr zu zweit unterwegs seid, stellt die Fahrräder v-förmig zueinander und legt dann die Plane darüber. So bekommt ihr einen etwas höheren Raum, in dem ihr sogar noch sitzen könnt.

Eine Poolnudel quer auf den Gepäckträger gespannt, ist ein effektiver Abstandshalter zu dicht auffahrenden Autos.

Die Schwimmnudel darfst du laut § 22 StVO Abs. 5 allerdings nicht mehr als 40 cm überstehen lassen und musst sie dementsprechend kürzen. Das geht am besten mit einem scharfen Küchenmesser!

87 MIT ABSTAND!

88 WINDCHILL

Bei Regen, Wind oder Schnee frieren schnell die Pfoten: Erst werden sie nass und dann sorgt auch noch der Fahrtwind für eine gefühlt viel niedrigere Temperatur. Bastel dir also besser einen Handschutz – aus einer PET-Flasche. Trenne diese dazu etwa in der Mitte einmal durch. Vom oberen Teil drehst du den Verschluss ab und schneidest die Flasche einmal der Höhe nach durch – auch durch das Schraubgewinde hindurch. Nun trennst du an einer Seite die Seitenwand heraus und stülpst das Ganze mitsamt Schalt- oder Bremsgriff über den Fahrradgriff. Anschließend musst du deinen neuen Wetterschutz nur noch mit einer Schraubschelle oder mit einem Kabelbinder am Schraubgewinde festziehen.

Sehr cool sehen hierbei auch farbige Plastikflaschen aus!

89 RAD-GEOCACHING

Interessante Fahrradrouten findest du nicht nur in Karten, sondern auch, indem du das spannende Hobby Geocaching mit deiner Tour verbindest. Geocacher auf der ganzen Welt verstecken kleine oder größere Schatzdosen, die du mit Hilfe deines Smartphones oder eines GPS-Gerätes finden kannst. Manchmal musst du erst ein Rätsel lösen, um an die richtigen Koordinaten zu gelangen, oft aber ist die Suche auf wenige Meter um die genannten Koordinaten herum beschränkt. Plane die Suche nach Geocaches ganz bewusst in deine Radtour ein, um zum Beispiel die Pausen etwas aufzulockern.

Manchmal entdeckst du so Plätze, die in keinem Reiseführer stehen, sondern Geheimtipps von Einheimischen sind!

Die Kinder sind groß, aber der Fahrradanhänger steht immer noch in der Garage? Nutze ihn als Lastentransporter für deine Einkäufe, anstatt ihn zu verkaufen! Geht natürlich auch mit Anhängern, die eigentlich für den Transport von Haustieren gedacht sind.

Bei einer längeren Radwanderung packst du dein Equipment in den Anhänger. Es ist dadurch vor Wind und Wetter geschützt und du hast mehr Bewegungsfreiheit auf deinem Rad!

90 ANHÄNGLICH

91 GREIFBAR

Fädel Schlüsselringe in die Zipper deiner Reißverschlüsse! Diese kannst du besser greifen als die kleinen Original-Verschlüsse – sogar mit Fahrrad-Handschuhen!

Natürlich solltest du während der Fahrt möglichst immer beide Hände am Lenker lassen!

SPORTLICH unterwegs

Tiefe Kratzer im Lack kannst du mit einem farblich passenden Nagellack ausbessern.

Das sieht nicht nur besser aus, es schützt dein Rad auch vor Korrosion!

92

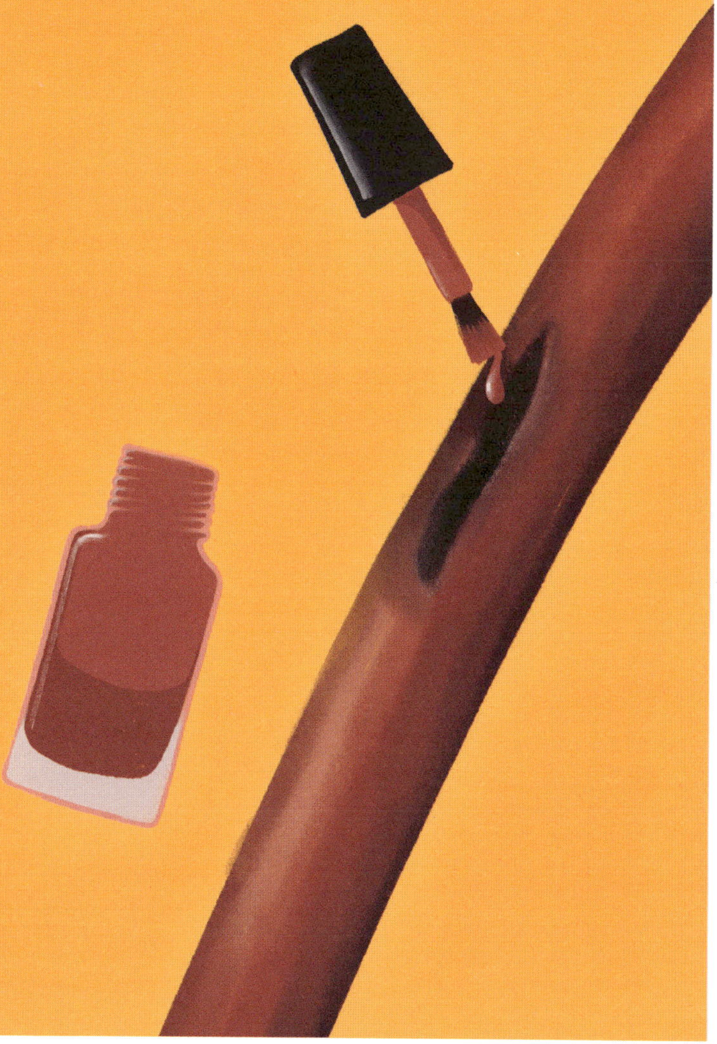

DECATHLON
street rider

Wer sein Rad zur sportlichen Erbauung nutzt, braucht andere Tipps als jemand, der seinen Einkauf mit dem Fahrrad erledigt oder beim Fahren einfach nur die schöne Landschaft genießt. Hier wird das Material durch Sprünge, hohe Geschwindigkeiten und leider auch manche Stürze extrem strapaziert. Nicht selten sehen die Räder danach aus, als hätte man ihnen eine Fango-Packung gegönnt. Und dem zugehörigen Fahrer gleich mit.
In diesem Kapitel erfährst du, wie du dich und dein Rad am besten vorbereitest auf die sportliche Herausforderung – und wie du hinterher alles wieder heil bekommst.

93

SCHUHPUTZER

Spezielle Fahrradschuhe mit Klicksystem reinigst du am einfachsten in der Spülmaschine. Lege sie dazu mit der Öffnung nach unten in den oberen Spülmaschinenkorb und gib normales Geschirrpulver in die Maschine.

Theoretisch kannst du die Schuhe auch in die Waschmaschine werfen, aber durch das Klicksystem poltert es dann extrem laut! Das dürfte auch für die Maschine nicht so gut sein.

Mountainbikes sind nach einer Feld-, Wald- und Wiesentour in der Regel von oben bis unten verschlammt, vor allem bei nassem Wetter. Um ein MTB zu reinigen, stelle es in die Badewanne und brause es mit der Duschbrause ab.

Damit der Abfluss nicht verstopft, solltest du ein Abfluss-Sieb einsetzen!

94 BADETAG

95

RAUF ODER RUNTER?

Die Sattelhöhe stellst du perfekt ein mit der Hügi-Methode (eine Formel, die der Schweizer Fahrrad-Pionier Wilfried Hügi entwickelt hat): Innenschrittlänge in cm x 0,885 = Sattelhöhe. Gemessen wird die Sattelhöhe von der Mitte des Tretlagers bis zur Oberkante der Sitzfläche. Die Innenschrittlänge findest du am besten heraus, indem du dich mit einem Buch im Schritt an eine Wand stellst und mit einem Zollstock vom Boden bis zur Oberkante des Buches misst.

Ist der Sattel zu niedrig, wird das Bein zu stark gebeugt, was zu Knieproblemen führen kann und unnötig viel Kraft kostet. Ist der Sattel dagegen zu hoch, wird das Bein am tiefsten Punkt zu weit gestreckt und du rutschst permanent mit deinem Hintern auf dem Sattel hin und her. Und das belastet die Hüfte, die Lendenwirbel und die Sitzknochen.

96 RAUMLEERE

Nutze den Hohlraum im Fahrradlenker! Du kannst dort ein paar lange Kabelbinder verstauen, indem du die seitliche Schutzkappe abziehst und natürlich danach wieder aufsteckst. So hast du unterwegs immer Kabelbinder zur Hand für eine Notreparatur!

Auf der anderen Lenkerseite kannst du auch einen Zettel verstecken, auf dem du entweder deinen Namen schreibst oder etwas Besonderes aufmalst. Sollte dein Fahrrad gestohlen werden, kann nur der rechtmäßige Besitzer wissen, was auf dem Papier aufgemalt ist – so kannst du dein Rad identifizieren, sollte es von der Polizei sichergestellt werden!

Damit Kabel (Schaltzug, Bremse) nicht am Rahmen scheuern, umwickle den Schalt- oder Bremszug an der entsprechenden Stelle mit der Flauschseite eines selbstklebendes Klettbandes.

Du kannst auch den Rahmen an der entsprechenden Stelle mit Klettband umwickeln.

97 FLAUSCHIG

Aus einer 1,5-Liter-PET-Flasche kannst du dir in wenigen Minuten einen Schienbeinschutz fürs Mountainbiking basteln. Schneide dazu sowohl den Flaschenhals als auch den Flaschenboden ab und trenne die so entstandene Röhre einmal der Länge nach durch. Du hast nun bereits zwei gleiche, u-förmige Schoner – allerdings fehlt noch die Möglichkeit, sie zu befestigen. Loche dazu jeweils die Ecken mit einem handelsüblichen Bürolocher. Oben und unten fädelst du dort jeweils 1 langes Haushaltsgummi ein und ziehst es einmal durch sich selbst. Abschließend machst du noch an jedem Gummi eine Büroklammer fest.

Leg dir die Schienbeinschoner an und hake nur noch die Büroklammern in den gegenüberliegenden Löchern ein – und deine Fahrt kann losgehen!

98

SCHIENBEIN-SCHUTZ

99

GRIFFIG!

Schwere Fahrräder lassen sich besser tragen, wenn du im unteren Bereich des Rahmens einen Griff aus Paracord anbringst.

1 **Flamme jeweils die Enden mit einem Feuerzeug ab, damit die Schnüre sich nicht aufribbeln. Nun zwei verschiedenfarbige Paracord-Stränge miteinander verknoten.**

2 **Dann an dieser Stelle um eine Stange des Fahrradrahmens in einer Schlaufe legen und die losen Enden durch diese Schlaufe durchziehen.**

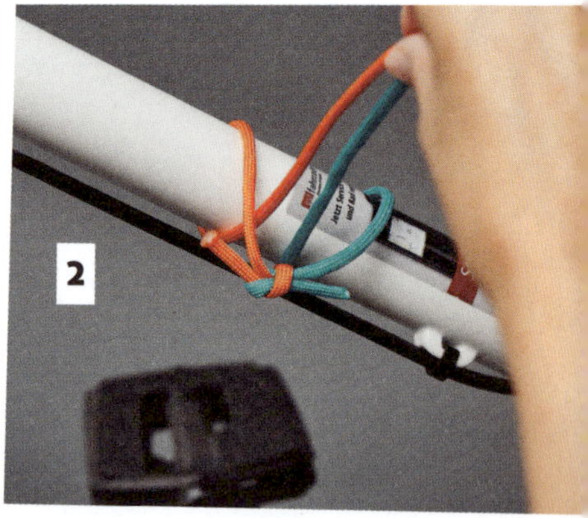

3 Nun die beiden losen Enden über die andere Stange des Fahrradrahmens legen.

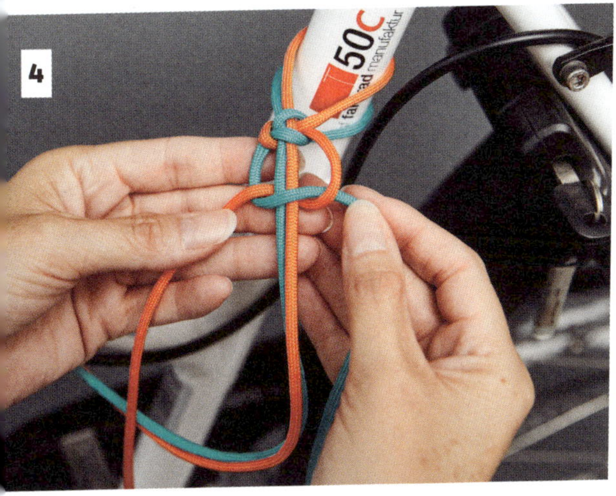

4 Das lose Ende des linken Bandes unter den beiden mittleren Strängen herführen und über das rechte Band legen. Dann das rechte Band vor den beiden mittleren Strängen führen und durch die linke Schlaufe stecken. Gleichmäßig festziehen. Der erste Knoten ist fertig!

5 Wie in Punkt 4 weiterknoten, bis du am Ende des Griffes angekommen bist. Dabei das blaue Band immer unter den mittleren Strängen herführen - egal, auf welcher Seite das blaue Band gerade ist.

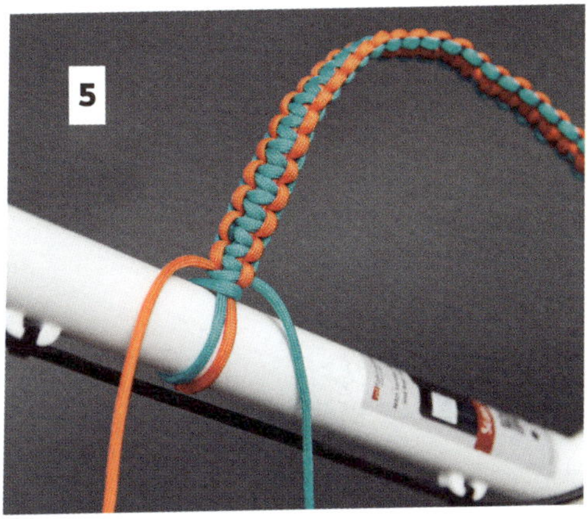

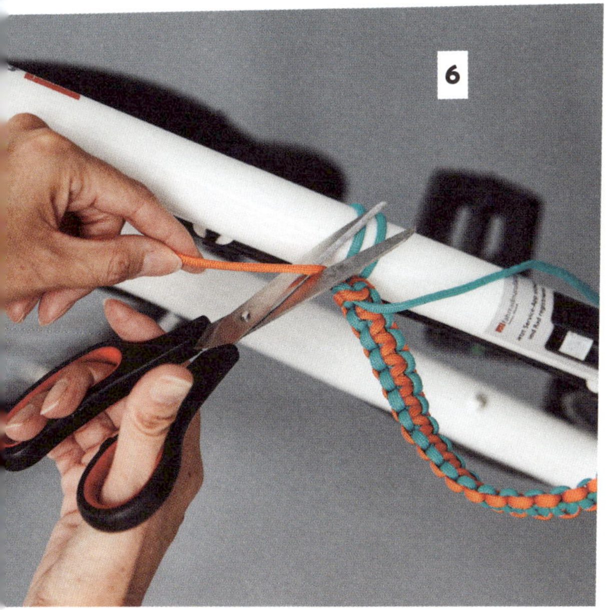

6 Zum Schluss musst du noch die losen Enden verknoten. Die Enden bündig abschneiden und mit einem Feuerzeug abflämmen, um ein Ausfransen zu verhindern.

100

STREBER!

Die Kettenstrebe kann bei einem MTB schwer mitgenommen werden: Bei Sprüngen und Schlaglöchern kann hier schon mal die Kette ordentlich auf die Strebe schlagen und diese arg zerkratzen. Außerdem hört es sich auch nicht gesund an, wenn Metall auf Metall trifft … Umwickle daher die Kettenstrebe mit einem alten Reifenschlauch und befestige ihn an mindestens drei Stellen mit Kabelbindern, die du bündig abschneidest!

Wie du Kabelbinder exakt bündig abschneidest, erfährst du im nächsten Lifehack!

Kabelbinder solltest du immer bündig abschneiden, damit keine scharfen Kanten entstehen und du dich nicht verletzt! Doch mit einer Schere bleibt immer ein kleiner, überstehender Grat übrig. Nimm also statt einer Schere lieber ein sehr scharfes Messer.

Denk daran, immer von dir weg zu schneiden, niemals auf den Körper zu!

101 KURZ UND BÜNDIG

102

ABGEPOLSTERT!

Ein dreckiges Bike mit in die Wohnung nehmen? Schneide eine hohle Poolnudel (Schaumstoffschlauch) längs auf und lege sie in zwei Teilen über den Vorderreifen.

Das Gleiche musst du natürlich auch mit dem Hinterreifen machen.

103 SAUBERMANN

Klemm dir eine halb leere Packung Baby-Feuchttücher unter deinen Sattel. So hast du unterwegs immer etwas dabei, um deine Finger sauber zu machen – beispielsweise nach einer ungeplanten Reparatur!

Eine volle Packung passt nicht unter den Sattel, aber 5 bis 10 Tücher reichen ja für den Notfall auch dicke aus.

104 KLEIDER-DUSCHE

Deine Klamotten sind nach einer wunderschönen Mountainbike-Tour total versaut? So kriegst du sie wieder sauber: Stell dich mitsamt der Kleidung unter die Dusche, brause dich ab und zieh dich erst unter der Dusche aus. Die Kleidung wandert direkt nach der Dusche in die Waschmaschine!

Kaufe nicht zu helle Sportkleidung, auf dunklen Klamotten sieht man Flecken nicht so schnell!

Damit zu lange Schnürsenkel weder in die Kette noch in die Speichen geraten, kannst du die Schnürsenkel auch kürzen. Damit sie dann nicht ausfransen, umwickle die Enden mit Isolierband.

Du kannst die Enden nach dem Binden der Schuhe auch einfach unter die Schnüre stopfen.

105 ZUGESCHNÜRT

Wohin mit dem Hausschlüssel, wenn man beim Sport keinen Rucksack mitschleppen will? Fädel den Schlüsselring in den Schnürsenkel ein und stecke den oder die Schlüssel unter die gekreuzten Senkel.

Am einfachsten geht das Einfädeln, wenn du eine Seite des Schnürsenkels einmal durch das letzte Schnürsenkelloch heraus- und danach wieder hindurchziehst.

106

SCHLÜSSEL-ERLEBNIS

Wohin mit dem Ersatzschlauch, wenn du keinen Rucksack dabei und – bei Rennrad oder Mountainbike – auch keinerlei Packtaschen am Drahtesel hast? Falte ihn auf ein kleines Maß und klebe ihn mit Isolierband oder Panzerband am Rahmen fest.

Packe direkt noch eine kleine handliche Luftpumpe auf den Schlauch und klebe sie ebenfalls mit Isolierband fest – denn der Schlauch alleine nützt dir im Ernstfall herzlich wenig!

107 PUMP-SCHLAUCH

108

DER NACKTE WAHNSINN!

Gegen wunde und aufgeriebene Stellen am Gesäß hilft ein ganz einfacher Trick, bei dem du im wahrsten Sinne des Wortes NICHTS brauchst. Im Gegenteil: du musst etwas weglassen, nämlich deine Unterhose! Die reibt und scheuert mit ihren Nähten nämlich unter der Radhose.

Heutzutage sind vor allem die Polster der Radhosen mit antibakteriellem Material ausgestattet, es macht also nichts, wenn deine Haut direkt mit dem schweißdurchfeuchteten Stoff in Berührung kommt.

109

WARMER WICKEL

Damit die Knie bei kaltem Wetter nicht auskühlen, verwende eine Kniebandage!

Bei kalten Knien werden die Muskeln und Bänder steif. Das kann sehr schmerzhaft sein.

Mountainbikes haben keine Schutzbleche, und genau deswegen verdreckt sowohl Rücken als auch Gesäß des Fahrers nach einem Ritt durch den Matsch immens. Einen DIY-Matsch-Schutz schneidest du dir in Windeseile aus einer 1-Liter-PET-Flasche zu:

110 MUD-FLAP

1 Dazu brauchst du: 1-Liter-PET-Flasche, Streichhölzer, Kabelbinder, Cutter, Edding

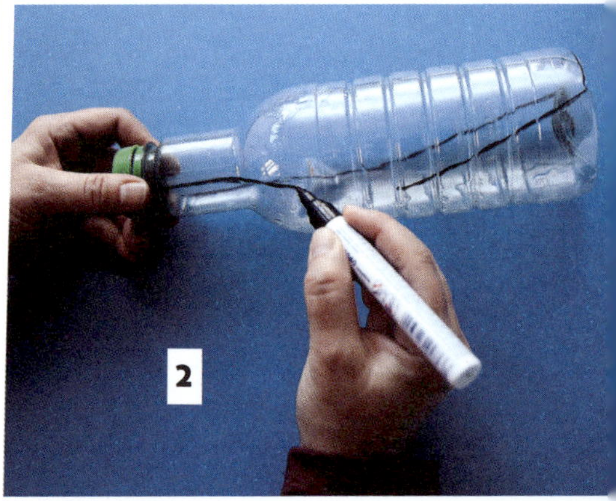

2 Male den Umriss deines Reifens mit Edding auf der PET-Flasche nach …

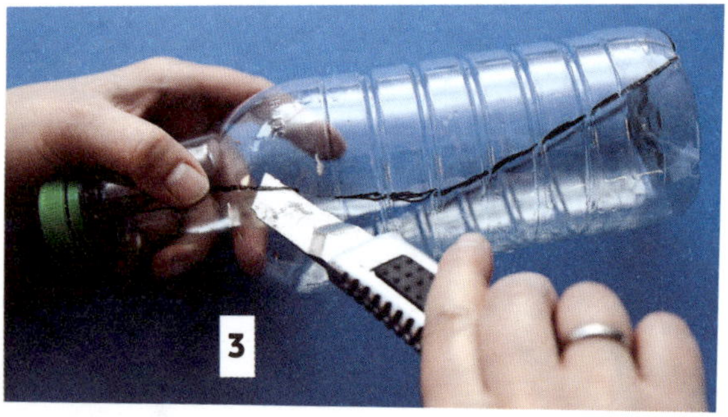

3 … und schneide die Flasche der Länge nach schräg auf, sodass der untere Teil etwas spitzer zuläuft als der obere. Den Drehverschluss nicht abdrehen!

4 Am Flaschenhals brauchst du zwei oder drei Löcher zur Befestigung. Dazu benötigst du Streichhölzer, die du kurz anzündest, ausbläst und dann direkt auf die Flasche drückst. So schmelzen sich kreisrunde Löcher in die Flasche.

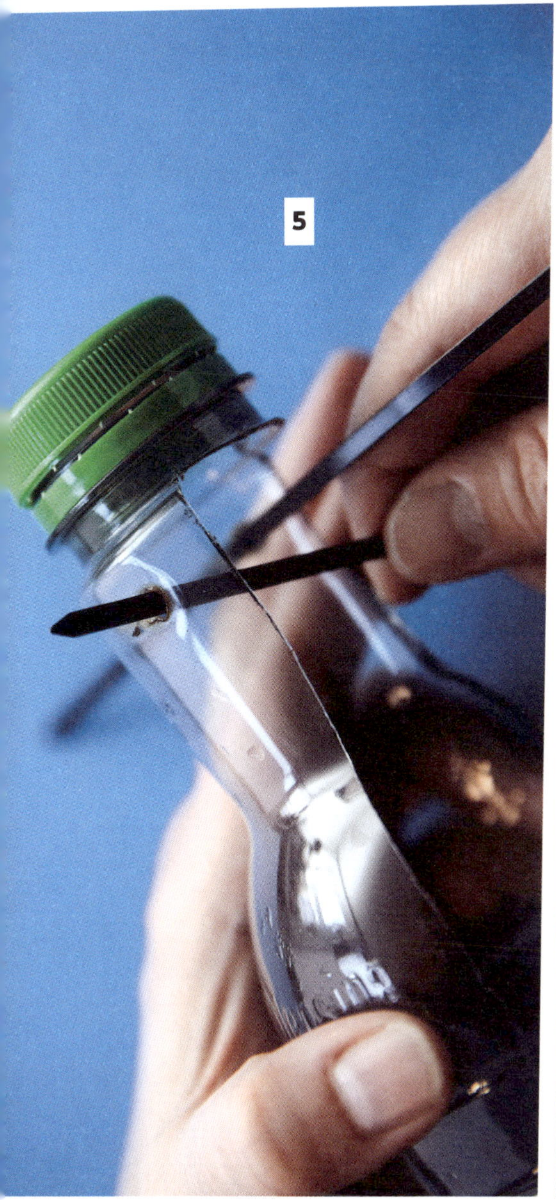

5 Durch diese Löcher ziehst du anschließend Kabelbinder und machst deinen Matsch-Schutz an geeigneter Stelle am Rahmen fest!

Treten Knieschmerzen während der Fahrt auf, wähle einen kleineren Gang aus.

Dadurch erhöhst du die Trittfrequenz und reduzierst den Krafteinsatz!

111

WENIGER IST MEHR!

NOTIZEN

AHA!

Unglaublich!

- Das leichteste Fahrrad der Welt wiegt gerade einmal 2,7 kg – das schwerste bringt stolze 1080 Kilo auf die Waage und ist damit in etwa so schwer wie eine Giraffe!
- Der Weltrekord im Rückwärts-Fahrradfahren und dabei Geige spielen ging über eine Distanz von 60,45 km – innerhalb von 5 Stunden und 9 Minuten. Gespielt wurde dabei übrigens Johann Sebastian Bach!
- 6,7 Kilometer in 4:48 Stunden! Das sind die Eckdaten der bisher längsten Fahrt unter Wasser mit einem Rad – im Becken eines Schwimmbades!
- Womit wir dann auch wissen, dass dieser Rekord nicht in der Stadt Baldwin Park (Kalifornien) aufgestellt wurde, denn dort verstößt man gegen das Gesetz, wenn man mit einem Fahrrad in einem Swimmingpool fährt!

NOTIZEN

NOTIZEN

CHECKLISTEN

BORDWERKZEUG FÜR'S FAHRRAD ✓

Wichtig ist, dass das Bordwerkzeug auf das jeweilige Fahrrad abgestimmt ist. So nutzt es nichts, wenn man einen 21er Schlüssel mitführt, aber gar keine 21er Schrauben oder Muttern am Fahrrad zu finden sind. Daher ist diese Liste nur eine grobe Empfehlung, die jeder selbst anpassen sollte.

- ☐ Fahrrad-Pumpe
- ☐ Pannenspray
- ☐ flacher Kombi-Schlüssel für möglichst viele Schraubengrößen
- ☐ Knochenschlüssel
- ☐ Speichenspanner
- ☐ Reifenheber
- ☐ Ventil-Adapter
- ☐ Inbus-Schlüssel Set
- ☐ evtl. Maulschlüssel (passend zum Fahrrad)
- ☐ Flickzeug / Ersatzschlauch
- ☐ Universalspray
- ☐ Multitool
- ☐ Panzerband / Isolierband
- ☐ Kabelbinder

SICHTKONTROLLE VOR FAHRTANTRITT ✓

Um vor unliebsamen Überraschungen auf der Radtour verschont zu bleiben, sollte man folgende Punkte vor Fahrantritt überprüfen. Besonders wichtig: auf öffentlichen Verkehrswegen ist ein verkehrssicheres Fahrrad unabdingbar!

- ☐ Luftdruck überprüfen (vorne und hinten)
- ☐ Kettenspannung
- ☐ Kettenschmierung

- Sattel- und Lenkerhöhe richtig eingestellt?
- funktioniert die Schaltung?
- Bremskontrolle (vorne / hinten)
- Beleuchtung kontrollieren (Batterien?)
- alle vorgeschriebenen Reflektoren vorhanden?
- Befestigung Anbauteile (Fahrradkorb, Packtasche etc.)
- Bordwerkzeug vollständig?
- Regenausrüstung
- Akkus geladen?
- Erste-Hilfe-Set
- evtl. Warnbekleidung / Warnweste

PICKNICK ✓

Am besten eignen sich für das Picknick mit dem Fahrrad Lebensmittel, die man ohne Geschirr oder Besteck verzehren kann. Außerdem müssen sie sich gut verpacken lassen und dürfen natürlich nicht in der Packtasche auslaufen. Ideal dafür sind mehrfach verwendbare Behältnisse, die sicher verschließbar sind.

- belegte Brötchen oder Wraps (in Servietten eingewickelt)
- Brezeln
- sauer eingelegtes Gemüse, z. B. Gurken
- hartgekochte Eier
- mundgerecht geschnittenes Obst und Gemüse
- Dips
- geräucherte Würstchen und / oder Schinken
- trockene Kuchen, z. B. Marmorkuchen, Sandkuchen, Zitronenkuchen etc.
- Kekse
- Salzgebäck
- Studentenfutter / Nüsse
- Getränke nach Wahl (am besten mit Drehverschluss)
- Mülltüte
- Feuchttücher und Servietten
- Picknickdecke
- kleines Besteckset

CHECKLISTEN

PACKLISTE FÜR EINE RADWANDERUNG ✓

- ein funktionstüchtiges und verkehrstüchtiges Fahrrad
- Zelt bzw. Notzelt
- Schlafsack
- Erste-Hilfe-Set
- Notkocher (z. B. Trockenbrennstoff, Gas)
- Trekkinggeschirr und Besteck
- Trockenvorräte für 1 bis 2 Tage
- Outdoor-Wasserfilter oder Desinfektionstabletten für Wasser
- Bordwerkzeug
- Wechselkleidung
- Badekleidung
- Regenkleidung
- Reisehandtuch
- Kulturbeutel mit Minimal-Ausrüstung
- Sonnenschutz / Insektenschutz
- Desinfektionsspray
- Paracord-Schnur
- Solarpanel (evtl. mit entsprechenden Adaptern)
- Gewebeplane
- Reiseapotheke / persönliche Medikamente
- Reiseunterlagen / Radfahrkarten
- Personalausweis
- Bargeld (Münzgeld!)

TOUREN ✓

Um eine Tour zu planen, eignen sich neben speziellen Apps vor allem bereits ausgearbeitete Radfahrkarten, die man beim örtlichen Radfahrclub beziehen kann. An vielen Radwegen oder Trassen findet man zudem Infokästen mit entsprechendem Karten- und Infomaterial, welches genau auf die Region zugeschnitten ist.
Ein leuchtendes Beispiel ist der Ruhrtal-Radweg, der 240 km Erlebnis für jeden Geschmack bietet. Dieser führt von der Ruhr-Quelle bis zur Ruhr-Mündung in den Rhein, also vom Hochsauerland bis an den Niederrhein. Die einzelnen Stationen sind:

- [ ] Winterberg
- [ ] Olsberg
- [ ] Bestwig
- [ ] Oeventrop
- [ ] Arnsberg
- [ ] Neheim
- [ ] Wickede
- [ ] Fröndenberg
- [ ] Schwerte
- [ ] Hengsteysee
- [ ] Harkortsee
- [ ] Wetter a. d. R.
- [ ] Kemnader See
- [ ] Hattingen
- [ ] Essen
- [ ] Baldeneysee
- [ ] Kettwig
- [ ] Mülheim a. d. R.
- [ ] Oberhausen
- [ ] Duiburg-Ruhrort

MAKING OF

Eine Poolnudel wird auf die korrekte Länge geschnitten – gleich geht‘s wieder raus auf die Straße.

Eigentlich wollten wir ja nur den Handyschutz fotografieren, wurden dabei aber von einem Anruf unterbrochen.

Armin hat den vollen Durchblick!

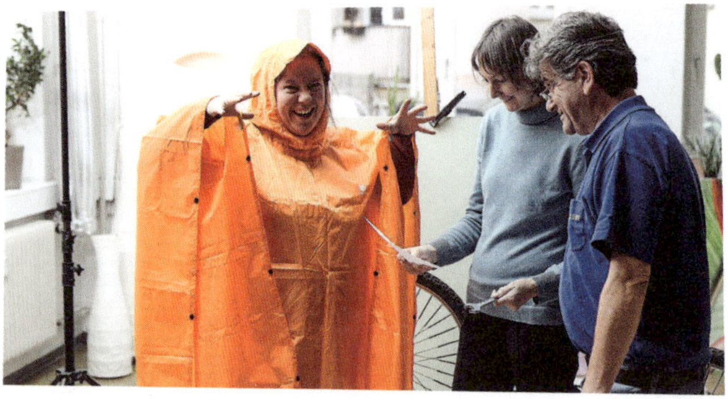

Wie geht der nächste Hack? Der Trick 17 Geist weiß Bescheid.

FAILS

So kann man die Sattelhöhe wohl nicht messen …

Wenn man mit einem scharfen Schraubendreher einen Gummiflicken durchstösst und dabei zerstört …

„Ketten retten“ – ohne Spezialwerkzeug (Kettenöffner) unterwegs nicht wirklich umsetzbar …

Die Kette mit einem Kabelbinder notdürftig zu reparieren, hat leider nur eine Umdrehung lang geklappt …

REGISTER

REGISTER

Buchempfehlungen für dich

Noch mehr Trick 17 gesucht?

ISBN 978-3-7724-4577-4

ISBN 978-3-7724-4707-5

ISBN 978-3-7724-4835-5

ISBN 978-3-7724-4522-4

ISBN 978-3-7724-7181-0

ISBN 978-3-7724-4976-5

ISBN 978-3-7724-4495-1

ISBN 978-3-7724-7196-4

ISBN 978-3-7724-4547-7

ISBN 978-3-7724-7596-2

ISBN 978-3-7724-7186-5

ISBN 978-3-7724-4578-1

ISBN 978-3-7724-4835-5

ISBN 978-3-7724-7009-7

ISBN 978-3-7724-7155-1

ISBN 978-3-7724-7168-1

Trick 17 für die Tasche:

ISBN 978-3-7724-4579-8

ISBN 978-3-7724-4580-4

ISBN 978-3-7724-4581-1

ISBN 978-3-7724-4582-8

ISBN 978-3-7724-4601-6

ISBN 978-3-7724-4638-2

ISBN 978-3-7724-7146-9

ISBN 978-3-7724-7147-6

ISBN 978-3-7724-7921-2

Viele weitere Kreativ-Bücher findest du auf www.TOPP-kreativ.de

#TOPPPROJEKT

Die eigene Kreativität zeigen: TOPPprojekt mit anderen Kreativen teilen und Teil der Gemeinschaft werden.

DIY-begeistert und auf Instagram? Dann unbedingt mitmachen! Hier gibt's Tipps und Feedback zu den eigenen Projekten. Außerdem verlosen wir jeden Monat ein Überraschungspaket. Um am Gewinnspiel teilzunehmen, einfach ein Bild vom Kreativ-Projekt aus unseren Büchern mit #TOPPprojekt posten und unserem Account @frechverlag folgen. Mehr Infos auf TOPP-kreativ.de/TOPPprojekt

Website
Auf TOPP-kreativ.de kannst du ein riesiges Angebot von über 1.000 Kreativbüchern, Sets & mehr entdecken.

Newsletter
Gleich anmelden unter: TOPP-kreativ.de/newsletter und immer als Erstes von unseren Neuheiten und Sonderaktionen erfahren.

Instagram
@frechverlag

Pinterest
pinterest.com/frechverlag

Facebook
facebook.com/frechverlag

DigiBib
Hier findest du zusätzlich zu vielen unserer Bücher digitale Extras, wie Video-Tutorials, Plotter-Dateien, Vorlagen, Übungsblätter & vieles mehr. Einfach im Impressum deines TOPP-Buchs den Freischalte-Code nachschlagen und exklusive Inhalte freischalten. TOPP-kreativ.de/digibib

Youtube
youtube.com/frechverlag

Wer wir sind, wie wir arbeiten, was wir lieben ...

Auf Instagram, Facebook und Pinterest findest du mehr über uns und unsere Arbeit und wirst immer schnell und einfach mit den neuesten Infos versorgt.

Alle News, alle Infos und alle Links findest du auf www.TOPP-kreativ.de

DIE AUTOREN

ARMIN

ist Baujahr 1964, stammt aus Solingen und lebt heute in Remscheid. Er kocht gerne und schraubt leidenschaftlich an diversen technischen Dingen und Autos. Vom Kleingärtnern bis zum Bergrennfahren hat er bereits unzählige Erfahrungen gesammelt und ist ein Meister im Improvisieren. Seit über 40 Jahren betreibt er Camping in allen möglichen Variationen – vom Einmannzelt bis zum Wohnmobil. Beim Camping kommt dann auch mit Vorliebe das Fahrrad zum Einsatz, um die Urlaubsregionen zu erkunden.

SANDRA

ist Jahrgang 1975 und schreibt regelmäßig auf ihrem Blog Camping-Checker.de. Seit 2009 ist sie mit Armin verheiratet und die Familie komplettiert seitdem auch Sohn Severin. Sie schwimmt, kocht, näht und liest gerne, wühlt im Garten und ist sozial engagiert. Sie liebt Wassersport (vor allem Schwimmen und SUP-Fahren), kocht, näht, strickt und liest gerne und engagiert sich ehrenamtlich gegen Lebensmittelverschwendung.